对话 绿色生活
用生活语言聊生活

策划、主编：郝未宁

副主编：宋有武　章婕　苗维刚　闫平善　李雅坤

　　　　张媚

编　委：（按姓氏笔画排列）

　　　　王成梁　王怡然　王晓叶　刘金鹏　李　君

　　　　李相颖　沈小宁　张　宁　张　莉　张帅帅

　　　　张淑敏　武　婷　董飞天　魏　岚

图书在版编目（CIP）数据

对话绿色生活：用生活语言聊生活 / 天津市环境保护宣传教育中心编；郝未宁主编. -- 天津：天津社会科学院出版社，2019.11

ISBN 978-7-5563-0595-7

Ⅰ．①对… Ⅱ．①天… ②郝… Ⅲ．①环境保护－普及读物 Ⅳ．①X-49

中国版本图书馆CIP数据核字(2019)第263322号

对话绿色生活 ： 用生活语言聊生活
DUIHUA LÜSE SHENGHUO:YONG SHENGHUO YUYAN LIAO SHENGHUO

出版发行：天津社会科学院出版社
出 版 人：张博
地　　址：天津市南开区迎水道7号
邮　　编：300191
电话/传真：（022）23360165（总编室）
　　　　　 （022）23075303（发行科）
网　　址：www.tass-tj.org.cn
印　　刷：永清县晔盛亚胶印有限公司

开　　本：787×1092　毫米　　　1/32
印　　张：4.375
字　　数：80千字
版　　次：2019年11月第 1 版　　2021年7月第 2 次印刷
定　　价：30.00元

节约观的环保诠释（代序）

郝未宁

节约，是个古而不老的常用词。这些年，随着环保成为全社会的热点，节约一词也更多地被公众和媒体提及。节约究竟与环保有多深的关系、对环保有多大的意义？我的观点：节约是最基本的环保。而节约作为一种价值观念和生活态度，大约有三个层次或者说三种境界：

一是初级的节约观，也就是传统的朴素节约观。作为传统文化的重要内容，节约观的影响广泛而久远。千百年来文化传承中绵延不断的齐家治国、育人修身的座右铭中，都不会遗漏"节俭"二字。中心思想是先祖长辈劳作辛苦，挣钱艰难，置业不易，所以，"一粥一饭，当思来之不易；半丝半缕，应念物力维艰"观点流传下来，目的是恪守勤俭美德以达到脱贫致富或避免败家的情况发生。初级节约观，针对的主体是"穷人"，关键词是"金钱"。

二是中级的节约观，或者说现代的资源节约观。20世纪中叶以后，随着环境意识的觉醒及环保运动的兴起，人们渐渐认识到资源环境对经济社会发展的影响。煤炭、石油、矿石、森林、水产，都并非取之不尽用之不竭，"自然资源是有穷尽的"，"经济增长是有极限的"。特别是由于可持续发展理念的传播，人们开始对资源浪费的后果感到了几千年来从未有过的恐惧。有限的地球资源为人类共享，而且不只是当代，子孙后代也有份，谁也无权糟践。中级节约观，其主体是"穷人＋富人"，关键词是"资源"。

1

三是高级的节约观，可称之为当代的环保节约观。通过几十年的环保实践，人们对环境与发展的关系又有了新的认识。一切环境问题，从某种意义上讲其实就是生产生活中产生的垃圾问题。究其根源都是过度开发和资源浪费产生的后果。我们不能不消费，但过度的消费使我们的环境不堪重负，生产垃圾、生活垃圾、污染排放成了臭名昭著的新名词，垃圾围城成了现代城市的梦魇。浪费行为客观上产生制造垃圾，增加垃圾，提高了碳排放。而垃圾的处理，不管是填埋还是焚烧，或占用有限的土地，或污染我们的空气，既是技术难题同时也是资金窟窿。金钱是个体的，但环境是群体的；一件物体，作为财产时由个人享受，变成垃圾时则由大众承受。这启示我们，有钱并不意味着就有权浪费、有权制造垃圾、有权污染环境。可见生态文明时代，"有钱也不可任性"，富人不再有恣意浪费的权力和借口，穷人则有了制止富人浪费炫富的权力和理由。环保节约观，主体是"富人"，关键词是"垃圾"。

　　显然，环保节约观是先进的节约观，也是先进的价值观。环境是公共资源，良好的环境质量是所有人共同的福利。不管是真正富裕的人，还是假装富裕的人，过度消费及其有意无意或有理无理的种种浪费，在今天看来都是可耻的。节约，最难过的是面子关，但与保护环境、保障公众及维护自身的健康相比，我们的面子又算得了什么呢？

　　（原发《今晚报》2014 年 11 月 26 日，《环境教育》2015 年第 3 期，本序有增删。）

目录

开聊啦！ 02

垃圾问题？ 03

保护大自然的"免疫力" 04

果真是个"垃圾"问题 05

人人讲环保，环保为人人 ...06

绿色生活≈公益事业 07

你我都是环境问题的制造者...08

你我都是环境污染的受害者...09

你我都是环境改善的受益者... 10

绿色生活≈千秋基业 11

前人栽树，后人乘凉 12

找到组织了没？ 13

绿色生活≈节约为本 14

来自哪里？ 15

去了何处？ 16

插播"邻避效应" 17

你的财产不要变成我们的垃圾... 18

还有呢？ 19

道理可不止这些呢 20

衣中环保（一） 21

衣中环保（二） 22

食问环保（一） 23

食问环保（二）................24

居在环保（一）................25

居在环保（二）................26

行往环保（一）................27

行往环保（二）................28

厨房那点事儿................29

小厨房，大环保................30

握手，"光盘族"！..........31

不做"剩男剩女"............32

带走是饭菜，留下变垃圾....33

野生动物吃不得？............34

野生动物吃不得！............35

生物链断不得................36

素食也低碳？................37

素食真低碳（一）............38

素食真低碳（二）............39

慎用农药（一）............40

慎用农药（二）..............41

绿色菜单不能少了"绿色产品".42

婚姻也算低碳，扯吗？.......43

现代"白色恐怖"...........44

电池那么可怕吗？（一）....45

电池那么可怕吗？（二）....46

垃圾是本循环经济账（一）...47

垃圾是本循环经济账（二）...48

垃圾分类专家（一）..........49

垃圾分类专家（二）..........50

"空调病"（一）............51

"空调病"（二）............52

空调那些事儿（一）.........53

空调那些事儿（二）.........54

电视那些事儿（一）.........55

电视那些事儿（二）.........56

冰箱那些事儿................57

手机那些事儿（一）..........58

手机那些事儿（二）..........59

电脑那些事儿 60

基站，你也是个稻草人（一）... 61

基站，你也是个稻草人（二）... 62

手机和基站的悄悄话（一）.... 63

手机和基站的悄悄话（二）... 64

变压器可怕吗？（一）....... 65

变压器可怕吗？（二）....... 66

转移不等于消失 67

拼车，更该"拼电梯" 68

我投共享单车一票 69

酒店是否绿色，决定于房客（一）... 70

酒店是否绿色，决定于房客（二）... 71

生态游，绿色游（一）....... 72

生态游，绿色游（二）....... 73

节水也是低碳？ 74

节水意义知多少？ 75

听说过"面条水"吗？ 76

有理念就不缺点子 77

节约用纸，为嘛总讲？ 78

节约用纸，继续讲 79

节纸很简单，处处皆可为 80

包装过度，可怕 81

面子没有垃圾重要 82

绿色呼吸 83

霾霾霾 84

PM$_{2.5}$，看我怎样对付你（一）！...85

PM$_{2.5}$，看我怎样对付你（二）！...86

预警失误？感觉失灵？ 87

应急响应启动啦！（一）..... 88

应急响应启动啦！（二）..... 89

臭氧，臭氧！（一）......... 90

臭氧，臭氧！（二）......... 91

躲魔＋降魔（一）........... 92

躲魔＋降魔（二）........... 93

我想静静（一）............. 94

我想静静（二）...............95

捂住耳朵还不够...............96

嘘，小心！小声！...........97

这些地方，万万不要抽烟....98

"见人"之前先沐浴..........99

"公"与"私"，须有别...100

游泳为嘛要戴帽？...........101

"一次性用品"是个误称！....102

不用！少用！多用！.........103

要么自带，要么带走.........104

节约≠省钱...................105

少开会环保，开短会低碳（一）..106

少开会环保，开短会低碳（二）..107

可要可不要的，不要！......108

挤垮那些不环保的企业......109

一棵树的价值...............110

拥抱阳光（一）..............111

拥抱阳光（二）..............112

为地球站岗一小时（一）...113

为地球站岗一小时（二）...114

最美的，最亲的，最贵的...115

附录1.....................116

附录2.....................118

附录3..................... 123

附录4..................... 127

大家好！人们称我为"环保达人"。美丽中国，我是行动者！

大家好！我是环保志愿者。美丽中国，我们都是行动者！

开聊啦！

我们来聊聊绿色生活吧。

是不是低碳环保？我爱听，我想聊！

美丽中国的行动者，应当都是绿色生活家！

这个我懂！绿色生活本质上就是要保护环境。

垃圾问题？

但环保问题其实就是垃圾问题！

啊！逗我的吧？我只听说过是发展方式问题，是结构调整问题。

不错！但那是对官员和学者们说的。

那对老百姓呢？

对普通百姓来讲，环保问题本质上就是垃圾问题。

Why？

因为，环境保护源于环境问题，环境问题根在垃圾，正是那些看得见看不见的排放，污染了我们的环境。

保护大自然的"免疫力"

咱老祖宗也吃喝拉撒，烧秸秆放鞭炮，几千年都天青水碧，现在咋就全成问题了？

因为大自然有自净能力，能够自我净化少量垃圾，但过量就不行了，专家们称之为"环境容量"。

听着有点神奇哈！

就像我们人体有免疫力一样，你吃一点不干净的食物，甚至误服少量药物都没事，但多了就会生病或者中毒！正如经自来水洗过的蔬菜水果可以食用，但自来水不可直接饮用一样。

明白！就是说现代垃圾太多了呗？保不准我扔的那一份垃圾就是压垮环境的最后一根稻草呢！

可不是嘛，现代垃圾太多太多，越来越多啦！

果真是个垃圾问题

所以，再想想是谁污染的我们的空气、水体和土壤？是不是废气、废水和废渣？

嗯嗯，就是！

废气、废水、废渣从何而来？

生产垃圾和生活垃圾，那可多啦！

是滴！来自工厂、来自矿山、来自家庭；来自烟囱、来自水管、来自垃圾桶！

还有辐射和噪声吧？

是的，就是我们说的看不见的排放。

人人讲环保，环保为人人

可没有谁是光长嘴不长屁股的，要生存要生活要消费就会有排放有垃圾啊！

是的，所以垃圾问题也是正常问题嘛！

既然是个正常问题，那又说明了什么？

一言以蔽之：保护环境，人人有责！

哈哈，这口号天天听得到，处处看见，可以说得具体明白一些吗？

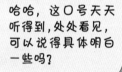

好啊！那请先弄清三个基本理念——

绿色生活 ≈ 公益事业

第一，环境问题与人人有关，所以环保是个公益事业！

嗯嗯，好多人都说做环保是做公益！

是的！换言之，绿色生活相当于不出家门做公益！

你我都是环境问题的制造者

人人都是环境污染的肇事者，你我都是！想一想，是不是？

我懂哒！每个人都要消费，都要排放，都会产生垃圾！

对极了！每个人对环境都有污染，区别只是"量"的不同而已。

当然，有些企业主、富人，还有那些有"大手大脚"浪费习惯的人，他们制造的垃圾更多，因而对环境造成的污染也更多。咱俩当然就少多了！

也是小巫见大巫啊！

你我都是环境污染的受害者

同时，人人又是环境问题的受害者！

可不是嘛！大家呼吸着一样的空气，喝着同样的水，拥抱着唯一的地球。

你我都是环境改善的受益者

反过来，人人都是环境改善的受益者。

当然啦！环境质量改善了，大家都受益嘛！

所以说，绿水青山是你我共同的福利！

是的，要不习主席为啥说"绿水青山就是金山银山！"

他还说，"要像保护眼睛一样保护生态环境，像对待生命一样对待生态环境！"

传说中的"金句"！

有人说习主席是"史上最绿色的中国领导人"，果然名副其实呀！

绿色生活 ≈ 千秋基业

接着说，听着呢!

第二，保护环境要持续，要长久，所以环保是项千秋基业!

这好理解，"只有一个地球"的嘛!

我们的行动为当代，更为子孙后代!

孩子们也要学环保、做环保，他们是地球的小主人!

前人栽树，后人乘凉

伦敦烟雾事件和泰晤士河污染事件，你听说过吧？

当然啦！还有马斯河谷粉尘、洛杉矶光化学污染、水俣病、四日市哮喘……都是治理了好几十年才发展成今天的样子！

是的，治污像治病，病来如山倒，病去如抽丝。污染治理之功，可不能一蹴而就。

就是，就是！希望环境质量马上改善的心情完全理解，但既不能着急，也不能灰心气馁。

找到组织了没?

我也一直想做点环保公益,做个志愿活动什么的,但就是不好意思,呵呵!

很正常,这是许多关心环保、支持环保的市民中普遍存在的现象。我有一个主意,很简单,就是参加环保组织,跟其他环保志愿者一起行动,就不会不好意思了,而且大家一起行动,力量大、影响大,可以达到宣传倡导的效果!

这样的环保组织多吗?

现在天津就有很多呀!面向市民的有环境科学学会、绿色之友、生态道德教育促进会、生态环保行动促进会、大地之声、天津绿领,还有许多高校的环保社团,回头我给你详细介绍吧!

太好了,俺这厢有礼啦!

绿色生活≈节约为本

第三，既然是"垃圾"问题，那么环境保护就要坚持节约为本！

哈，是要我抑制消费吗？

不，是请你控制消费，避免非必需的、无意义的消费。

节约减少垃圾，浪费增加垃圾，垃圾污染环境，我懂的！

是的！行为上要避免不必要的消费，目标是垃圾"减量化、无害化、资源化"！

我来补充：杜绝浪费不只是节约金钱和资源，更要减少垃圾！

来自哪里?

农民知道自己吃的喝的来自哪里,你知道自己吃的喝的来自哪儿吗?

亲!是不是以为我会说来自市场,来自商店?

No!No!No!是想问你知不知道,它们在来的路上经历了脱粒、加工、包装、运输、储存等许多环节和里程,绝对比你在微信运动里的步数多得多,期间的能耗、物耗你想到过吗?

哈哈!明白明白!节约粮食也是低碳!

去了何处?

还有呢!农民知道自己吃的喝的去了哪里,你知道自己吃的喝的去了哪儿吗?

哈哈!是不是也去了地里?

听说过垃圾处理厂、污水处理厂吗?你产生的那些"宝贝"都去了那里!处理你那些"宝贝"占了很多的地儿,用了很多的电,花了很多的钱!

嘻嘻,处理你那些"宝贝"也同样,所以减少垃圾也是低碳!

插播"邻避效应"

垃圾处理厂、污水处理厂对人们重要不重要？

那还用说？我又不是不吃不喝的怪物，也不是傻子！

可是，总有那么一些人反对和阻挠垃圾处理厂和污水处理厂的建设。

这不就是那个什么"邻避效应"吗！谁都知道必不可少，但又不想与其为邻，我也一样呀，亲！

要是有足够的安全隔离和清洁保障呢？

那为什么还不同意呀？本公主又不是事理不明、是非不分之人！

你的财产不要变成我们的垃圾

什么？你说"制止浪费是所有人的正当权益？"我的小耳朵该看医生了吗？

你的小耳朵可好着呢！他们浪费的是个人的东西，但垃圾是大众的负担，危害的是公共的环境！

所以制止浪费，每个人都有权利、有责任、有义务？包括我们"穷人"？听起来比宪法都带劲儿！

不是吗？参见本书的"序言"好啦！

还有呢？

我就看不惯有的人对自己的东西节约，对别人的东西浪费，人品太差！

浪费的是别人的东西，增加的是自己的垃圾，污染的是大家的环境，损人不利己！

这么说还不止是人品问题，也是公德问题啊！

然也！在环保人看来，别人的东西也不可浪费！

哈哈，说环保是一种行动，不如说是一种修养！

嗯，此言不虚！

道理可不止这些呢

"环保与人人有关"还告诉我们：保护环境人人有责！人人可为！

必须的，社会工程要全民参与、全民行动，建设美丽家园，要打"人民战争"！

是的，咱们来掰扯掰扯？

掰扯掰扯！

衣中环保（一）

许多人说，绿色生活从衣食住行开始，难道说穿衣跟个人环保很密切？

有道理的呀！一件衣服从布料生产到成衣制作那可是相当地耗材、耗能，通常这些工厂是排污大户。

噢，想起来啦！据说，牛仔裤生产所产生的能耗和排放最多了。

所以，"穿出"环保很日常、很见效。我的做法是：慎买衣服、少买衣服，减少浪费；旧衣新搭，不艳丽也不落俗，自然和谐；衣服旧了或不合体了，洗净捐赠，不扔不弃；优选棉麻丝绸，它们是自然可再生材质；拒绝皮草，抑制返祖冲动，珍爱野生动物。

衣中环保（二）

哇，你做得真是太好啦！

别急着鼓掌！穿着之外，省电、省水、减污要配套：衣服尽量攒够多再洗，不是懒，是省水；先手洗，再漂洗甩干；开强档比弱档省电；使用无磷低泡洗衣粉，易于漂洗；尽量不干洗，减少挥发性有机物；不用烘干机，衣服也喜日光浴，省电又消毒。

这不就是传说中的环保女神嘛！咦，献上我的大拇指！

食问环保（一）

食物与环保的关系可太密切了！

是的，食物生产是导致森林等自然栖息地减少和生物多样性被破坏的主要原因，化肥、农药的使用也造成严重的环境污染。

据说粮食生产排放了约占全球 1/4 的温室气体，占用了约 1/3 的淡水资源。

一点不错！有外国人研究过，生产 1 千克农产品，产生的温室气体排放量，由小而大依次为粮食、牛奶、猪肉、奶酪、牛肉。联合国粮农组织测算，肉类生产产生的温室气体占 14%。

食问环保（二）

我还听说生产550毫升的瓶装水需17.5升的自来水，产生44克的二氧化碳，是可直饮自来水的1000倍以上。

所以，绿色饮食就是在食品的生产、运输和消费全过程中都要讲究环保。

我整理了一下，吃出环保很重要很简单：永远不要浪费食物；选择未被污染的绿色健康食品；远离露天烧烤；理性购买，拒绝浪费；尽量素食；优选本地食物；少买反季节食物；拒绝过度包装的面子食物。

重复一下哈！尽量选买当地当季产品，运输和包装常常比生产更耗能，这一点往往被无视。

居在环保（一）

不论是不是环保人士，每个人的居住都应是环保的。

一点不错。比如说居室的自然通风，既是健康的需要，也是绿色的体现。

绿色居住，还有不少可以做到的，比如尽量使用太阳能取暖、热水和照明，有条件的还可以借用一下风能。

风能很简单，古人早就用上了风车。

居在环保（二）

绿化户内户外，也是给自己排放的二氧化碳埋单。

买家电看环保标识和节能指标，优选无氟电器，少用化学清洁剂，不在河边湖边洗衣、洗车、排放污水、倾倒垃圾。

居不等于宅，多出去走走，"宅"是很费电的！

那咱也出去走走，边走边聊吧？

行往环保（一）

车已经成了家庭的标配，所以才有"绿色出行"的说法吧？

有道理，要不为啥有"倡导步行或骑车和尽量不开车、少开车，选择公共交通"的提法呢？

就是，对步行或骑车的人来说一不担心油价涨，二不担心体重涨。

对绿色出行来说，坐车也要选择轨道交通，开车选择新能源车。

行往环保（二）

是的，即使开车，也有不少绿色注意事项要熟记：如按时保养汽车，保持尾气排放达标；给爱车加清洁汽油；堵车时间超过三分钟应熄火等待；学习老司机少用急刹，松油门惯性滑行；定期检查胎压，过低过足都费油；普通车用高标号油不节能。

这只是开车，绿色出行可不止这些呢！比如驾车出游不将垃圾留在野外；不向车窗外扔垃圾；不在水源地洗车。

哈，还差点忘了很重要的一点：别购买和使用高污染车及车用品噢！

哈，我也忘了告诉你，俺木有车，也没有打算买车呢！

厨房那点事儿

你这个环保达人，也经常下厨吗？

我也是，炖排骨，先开火煮十分钟，然后盖锅关火三个小时，再开火煮十分钟就行了；用微波炉和电饼铛烙饼或烤红薯时，间歇性地开关更能充分利用余热，用时并不会多很多。

当然，"懒人"怎么会环保呢？我煮食物，用水很少，没过即可；蒸煮饭，都是提前泡上米豆，据说如果全国1.8亿户城镇家庭都这样，每年可省电8亿度，减排二氧化碳78万吨。还有，不管是压力锅还是普通锅，都注意充分利用余热，如煮蛋水开后只烧三四分钟就停火，过一刻钟再捞出，既熟且嫩。

是的，红薯等食物加热到一定程度后，内部高温会继续让食物变熟，不用等软了才停火。

29

小厨房，大环保

嗯，我还发现，中火烧水最省气儿。

烧水呀！如果热水用得多，可以让热水器始终通电保温，因为保温一天所用的电，比一箱凉水烧到相同温度还要少。

哈，我还发现，洗洁精稀释后擦洗碗碟效果最好，易漂清，省料又省水。

还是那句话，理念树得牢，处处有高招。

理念扎了根，点子多得很。

握手，“光盘族”！

嗨！听说过“光盘族”吧？

电脑光盘吗？

切！此“光盘”非彼“光盘”！

知道啦！就是点餐适量，吃光盘中食物，或带走剩餐，拒绝舌尖上的浪费！

不做"剩男剩女"

对啊！这么说你也是"光盘族"？

是的！我们的口号是：拒绝"剩"宴，倡导"光盘"！

吃了是资源，扔掉是垃圾！

吃光盘中餐，不做"剩男剩女"！

让我们将吃不了"兜着走"进行到底！

"光盘者"光荣！

来，握个手！

带走是饭菜，留下变垃圾

亲爱的，这几个凉菜和蛋炒饭怎么不打包？

那些就算了，不值钱，家里也能做！

可是不带走，它们就都变成垃圾啦，比你带走的还多！

也是哈！那就都带走，不能让它们变成垃圾！

野生动物吃不得？

哼，隔壁老王又跟女同事们炫耀吃野味儿了！

呵呵，不用急，管他吹牛不吹牛，报应早晚找上头！

看你这么肯定，为嘛呢？

问得好！为嘛呢？

野生动物吃不得！

一是健康风险大。好多野生动物自身带有病菌，普通的烹调难以杀死。

嗯，听说狂犬病、疯牛病、艾滋病、非典、禽流感的源头就是野生动物，确实太可怕啦！

是的，野生动物还含有多种病毒和寄生虫，接触和食用易得出血热、免疫热等可怕疾病，虫卵会造成中毒或贫血。

可是，总有一些人迷信"吃什么补什么"，非要拿健康去冒险。

要不为啥说老王他们傻呢？现代医学早就证明，"吃什么补什么"毫无科学依据。

生物链断不得

二是遭受生物链法则的惩罚。听说过生物链吧？

生物链使自然生态系统保持平衡，地球上所有的生物之间既相互制约又相互依存，任何一种生物过多或过少都会破坏生态系统的平衡，进而带来生态灾难。

是的，所以全球各国都有保护野生动物的公约和法律。

也就是说，滥捕滥食野生动物不仅会有得非典、禽流感等传染病的风险，也会有法律的惩罚。我表哥就嗜好"野味"，我得赶紧提醒提醒他！

素食也低碳?

我特爱吃肉，最近听专家讲要少吃肉，说什么既有利于健康，也有利于环保，太深奥啦！

不深奥，亲爱的！从解剖学看，人的肠胃结构更接近食草动物。

也就是说食素天然地利于人体健康，以肉为主易罹患疾病，可是跟环保又有啥关系呢？

因为肉食的环境成本偏高啊！有研究数据说，50千克黄豆喂牛，能得10千克牛肉。吃肉需要多出10倍耕地，一个肉食者需要的土地，可以养活30个素食者。

明白了，食用过多的肉，就需要开垦过多的草原、森林、湿地，会破坏大自然的生态平衡。嘻，看来这个专家还靠谱！

素食真低碳（一）

还有呢，过多饲养动物也会增加环境污染。牲畜排泄出大量硝酸盐、农药、生长素、抗生素等化学毒素，或渗入土壤和地下水，或流入河川、湖泊、水库，最终危害人的健康。

怪不得呢，我说环保部门怎么一直在整治水源地的养殖业污染。

不只是水体，也污染大气呢！大量畜禽粪便中的氮和氨以气态形式进入大气，也会加重形成酸雨。

想起来了，好像有报道说过憨厚的牛也是臭氧层的破坏者。

素食真低碳（二）

是的，一头牛每天打嗝放屁会产生约200升甲烷气体，而全球的牛超过15亿头，甲烷对地球温室气体的影响可远超二氧化碳。

看来，过量食肉至少伤害三个对象：动物、我自己还有地球！从今天起，我也要多吃素，少吃肉，一会儿你就请我吃石头门槛的大素包吧！

我今天减肥，不吃晚饭啦，嗯哼！

慎用农药（一）

环保人士都知道《寂静的春天》这本书，是吗？

是的！还知道滴滴涕（DDT，农药）的传说呢！那个20世纪中叶普遍使用的广谱农药，开始被人们误当成天使，后来发现那"宝贝"难降解很长寿，是危害极大的魔鬼，才全面禁止。

听说发明人还获得了诺贝尔奖，足见化学农药污染的复杂性和可怕性。

慎用农药（二）

一点不假，农林生产越来越依靠化学农药，我国就是世界第一大农药使用国。但农药直接利用的仅约30%，70%进入了环境，仔细想来还是很可怕的！

是呢！农药无处不在，除了直接危害生命，还通过污染空气、土壤、水系，误伤动植物，对人体健康带来巨大危害，真是细思极恐！

所以，应该尽量避免使用农药，一方面大力发展抗病虫害的作物品种；另一方是推广生物杀虫灭菌和植物源农药。

哈，这可太专太深了，慢慢学吧！

绿色菜单不能少了"绿色产品"

我看现在不仅环保人士，连政府也在呼吁购买使用绿色产品了！

那当然，绿色生活，要有消费态度，更要有实实在在的消费行为和消费习惯。

可是，节能产品大到电动汽车小到节能灯泡，好像都比较贵哟！

只要不是贵得离谱，我都是支持的，就等于为保护环境做贡献，亲！

婚姻也算低碳，扯吗？

今天看到一个说法，婚姻生活也是低碳生活，够"奇葩"吧？

有道理的呀！婚姻不是搭伙过日子的嘛，一盏灯俩人用，一台电视俩人看，还要取暖做饭——美国人搞过调研，离婚之后的人均资源消耗量比婚姻内高出42%～61%呢！

省电、省气、省火、省水，婚姻不光保护家庭，还保护地球！您让我先笑一会儿，耶！

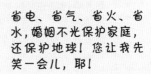

你没想过，婚姻不仅有家庭责任、社会责任，也有环保意义吧？

现代"白色恐怖"

你听说过"白色污染"吧？

我听说过"白色恐怖"！

哈，差不多！说它是"白色恐怖"也可以的。白色污染专指废弃塑料造成的环境污染，就是一种形象的说法。

那知道的！据说一只塑料袋5毛钱，但造成的污染可能是5毛钱的50倍。塑料污染破坏市容环境，危害人体健康，污染土地，危害农作物生长，野生动物特别是海洋生物误食死亡的例子就多得举不胜举了，想着就够恐怖的！

一点不错，要不联合国为啥把2018年世界环境日的主题确定为"Beat Plastic Pollution"？中文译成了"塑战速决"！

好！誓与白色污染，不，"白色恐怖"斗争到底！

电池那么可怕吗？（一）

听说一节电池可以荒废好几平方米的土地，污染 60 万升的水，相当于一个人一生的用水量，太吓人了！

哈哈夸张了！那是有人基于电池完全溶解与水的计算，实际上没有这么夸张。不过，还是不要浪费和乱扔的好！

也有人说电池可以跟生活垃圾一起处理。

这是真的。过去的干电池含汞、铅、镉等有毒物质确实是危险废物，但国家早已禁止生产了。所以现在少量干电池可以跟生活垃圾混合处理。注意是少量！

电池那么可怕吗？（二）

可不可以理解成，少量无大碍，堆积是祸害？

也对也不对！即便是普通垃圾，收集起来不处理污染也会叠加，但送给回收企业则有很高的再利用价值，特别是手机电池等。

对了，咱楼下有"拾起卖回收箱"，我还是把废旧电池丢那里吧！

垃圾是本循环经济账（一）

有一句话我特别赞同：垃圾是放错了地方的资源。

是的，准确点说：混合起来是垃圾，分选开来是资源。

所以要推广垃圾分类，分类才可以实现资源化，资源化才可以实现减量化。

然后，就可以减少占地。有调查说分类后去掉可回收和不易降解的，垃圾量可减少60%。

垃圾是本循环经济账（二）

减少了垃圾不就减少了污染吗！垃圾处理以填埋和焚烧为主，环境成本和危害巨大。汞、镉、铅等有毒物质对人类有严重危害，废塑料会导致农作物减产，也会被动物误食。

有心人测算过，每回收 1 吨废纸可造好纸 850 公斤，节省木材 300 公斤，比等量生产减少污染 74%；每回收 1 吨废钢铁可炼好钢 0.9 吨，比用矿石冶炼节约成本 47%，减少空气污染 75%，减少 97% 的水污染和固体废物。

垃圾分类专家（一）

通过分类回收变废为宝，变害为宝。我参观绿色学校、绿色社区时还看见许多废旧物品制作的精美艺术品。

是滴，分类后垃圾基本上都能转化为资源。最后剩余的垃圾还可以焚烧发电、供热或制冷，即使灰土也可以加工成建材，厨余垃圾可用于生产有机肥料。可见，垃圾分类回收是解决垃圾问题的最好途径。

那垃圾怎么分类最好呢？

粗分通常分为可回收和不可回收两大类。而可回收的一般又可细分为五类：废纸、塑料、玻璃、金属和布料。

还要注意，投放前纸类尽可能叠放整齐，瓶罐类物品尽可能清理干净，厨余垃圾应袋装投放。

有毒有害垃圾，如特殊电池、荧光灯管、灯泡、水银温度计、油漆桶、特殊家电、过期药品、过期化妆品等，应尽可能单独回收。

垃圾分类专家（二）

粗分两大类，细分呢？

按处置工艺一般分为四类：厨余垃圾、可回收垃圾、有害垃圾和其他垃圾。也有人分成干垃圾、湿垃圾、可回收垃圾和有害垃圾。

含水的就是湿垃圾吗？

不一定呢！湿垃圾主要是厨余垃圾，经粉碎发酵沤肥；干垃圾也称其他垃圾，采取焚烧处理。所以，干树叶其实是湿垃圾，而湿纸巾其实是干垃圾。

我的天呐！人间垃圾千千万，可怎么才能弄明白呢？

不难！有人总结了个"猪字诀"：猪能吃的是湿垃圾即厨余垃圾，猪不吃的是干垃圾只能焚烧……

猪吃了会死的是有害垃圾，能换钱买猪的是可回收垃圾！真形象，本公主成"垃圾专家"的铁粉啦！

"空调病"（一）

听说过"空调病"吧？

知道的，并非空调病了，而是人因空调而引发的一种病。病因是空调滤网等部件长时间未做清洁变成了"污染发生器"，导致人出现头晕、乏力、易患感冒等症状。保持空调清洁，还可以避免制冷制热效率降低，耗电增加。俺每年都清洁一回空调，没毛病！

有的人开空调盖棉被、穿厚衣，也算是空调病吧？

也许是不懂环保，也许是不知道空调的最佳温度吧？您知道吗？

"空调病"（二）

看过实验报道，26度是黄金温度，体感最舒适，再低除了多耗电没有啥意义。

我有体会，一点不错！据说空调温度调节一度，耗电量变动7%。

其实空调温度过低过高，不但浪费能源，还削弱人体自动调节体温的能力，增加患感冒的概率。

空调那些事儿（一）

听说选用节能空调，同样的制冷效果，更少的耗电需求。

这正是节能空调的妙处呀！如果全国的家庭都用它，每年可以节电33亿度，相当于少建一个60万千瓦的火力发电厂，减排温室气体330万吨。

还有，一定要购买无氟节能空调，对吧？

对滴，为了保护大气臭氧层不被破坏！

空调那些事儿(二)

你注意过吗？许多人都习惯把空调室外压缩机罩上，好像是防雨防晒。

其实，压缩机的设计充分考虑了防晒、防雨、防尘和散热的综合需求，加个罩除了影响机器正常工作增加耗电之外，并无什么意义。

你这个环保专家都可以去修空调啦，佩服！

电视那些事儿（一）

聊绿色生活，可少不了电视。

那是！不说大爷大妈，俺老妈就是电视控。

你给她买的肯定是节能电视吧？

那还用说嘛！买电视先看环保指标。而且，在我的提醒监督下，老人家早已养成了好习惯：只用遥控器换台，不用它关电视；不开着客厅电视，而人在其他房间待着；从不开过高音量；屏幕亮度适中，又节能又护眼。

电视那些事儿（二）

这些小细节确实很重要：电视机在待机状态下耗电量也有约 10%，据说如果人人坚持关闭电源，全国每年就可省电 180 亿度呢！

哈哈！但我觉得，更重要的是，在家里要记得，住宾馆也不能忘记！

是是是，对那些在家不怎么看电视，到了酒店就大音量且长时间开着电视又不正经看的人，我想以新闻发言人的口吻，表示最严厉的谴责！

冰箱那些事儿

聊绿色生活，更少不了冰箱吧？

就知道你忘不了冰箱，你的生活里可以没有我，但不能没有冰箱。说说呗，阁下有啥诀窍？

我一直使用的是节能冰箱，268升，在使用期内可为我节省电费2000多元。冰箱内放食物一般保持80%，过多或过少都费电；剩饭剩菜我都是冷却后，再放冰箱，热气不仅费电还会结霜；加热前，我会提前从冰箱取出来，如果是冷冻的肉等，我会提前一天换到冷藏室解冻，既省电，味道还好；还有，尽量减少开门的次数，最好一次性取出和放入！

哈，你可真是低碳生活专家！我要是个男士，就把膝盖献给你！

手机那些事儿（一）

聊绿色生活，还少不了手机吧？

现在谁离得开手机？你是说在朋友圈宣传绿色生活吗？

只有你能想得那么深远。俺是个单纯的人，只想到了手机使用中的环保。

那倒是，比如说购买手机，注意材质是否环保。电子产品中常含有铅、镉、多溴联苯等物质，国家有《关于限制在电器设备中使用某些有害成分的指令》（ROHS）标准认证，虽然不是强制的，却值得参考。

还要注意防辐射。手机辐射与其天线和外观设计有关，也与距离基站远近、周围的地理环境等因素有关。离基站越近，辐射越小，越远反而越大。

手机那些事儿（二）

还有，手机开机时需要入网，发射功率较大；在地铁、电梯等场所，由于信号减弱，手机发射功率也会自动增大，辐射也相应变大，所以这些地方尽量少用手机。

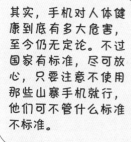

关掉不常用的小程序终端，也可以显著减少手机耗电。对了亲爱的，不要乱扔手机电池！

其实，手机对人体健康到底有多大危害，至今仍无定论。不过国家有标准，尽可放心，只要注意不使用那些山寨手机就行，他们可不管什么标准不标准。

是，如今的手机比钱包跟人还亲密，在意一些没坏处。

电脑那些事儿

跟你说，电脑的低碳小招也不少，养成一个好习惯既省电又利于健康。

我知道！暂时不用电脑时，可设定显示器进入睡眠模式。坚持这样做，每天至少可节约1度电，还能适当延长电脑和显示器的寿命。

还有，关掉不用的电脑程序，减少硬盘工作量，既省电也维护你的电脑寿命。

哈，我家宝贝都知道，只用电脑听音乐时，调暗显示器，或者干脆关掉。

那肯定也知道，要像使用其他电器一样，用完电脑不忘拔插头，外出关门前先关电器总开关，省电又安全，是不是？

这些初级的环保，我们做得都不比你差，嘿嘿！

基站，你也是个稻草人（一）

八卦一下！我们小区某女士前一段诉说睡眠不好，广场舞友热心"诊断"是附近通信基站辐射惹的祸，她就约了几位好友投诉要求撤除基站。基站哪有那么可怕，好可笑！

不可笑！还是我们没向公众宣传到位。

俺们老师讲过，辐射不过是空中的能量传播，我们其实每天都生活在各种"辐射"中呢！

说辐射可怕关键是不知道辐射有两种：一是可怕的电离辐射，如核泄漏放射线辐射；二是不可怕的电磁辐射，广泛见于日常生活中，如电视、电脑、电磁炉等各种家用电器，通信基站就属于电磁辐射。

是，辐射危害其实取决于三个因素：一是性质，如电离辐射肯定可怕；二是量能，如果电磁辐射功率过大或累积过多危害也会随之增大；三是距离，安全距离之外保你无忧。

基站，你也是个稻草人（二）

你说，我们的生活能离得开基站吗？

现代人谁能离开基站呢？就像开车离不开加油站，这个道理俺懂！

是的！其实各国对家电和通信基站的辐射都有很保守的安全标准，我们尽可安心睡觉，不用害怕失眠。

我知道！过去基站布局是远距离大功率，辐射也大。而现在随着技术进步，已普遍采用超短距离蜂窝制，覆盖只有几百米，功率极小，辐射变得微弱，这也是为什么现在到处是基站的原因。

手机和基站的悄悄话（一）

说句悄悄话哈！知道"灯下黑"吧？基站也一样，建在楼顶，楼下就变成了"盲区"，实际辐射反而较小。

咱们聊过！离基站越远，手机辐射越大。就好比俩人说话，距离越远越要大声用力，离基站越远收到信号越弱，手机自身就要发射更强信号与基站保持连通，手机产生的辐射也就越大。

手机和基站的悄悄话（二）

另外，电磁波传播过程衰减很大，穿过墙体更会急剧衰减，所以，人离基站距离较远，基站的电磁辐射会大大减弱的。而人与手机是贴身亲密接触，因此手机辐射对人的影响其实比基站大多了。

还有呢，专家测算说，现在通信基站功率一般为 20～30W，人体受到的辐射强度与距离的平方成反比，300W 的辐射功率在 10m 距离上的辐射功率面密度只有 0.2387 W/m^2，而地球上太阳光的辐射功率面密度大约 1000 W/m^2，是基站辐射的上千倍，可见基站辐射比太阳辐射还要微弱得多呢！

啊！这倒是头回听说！

变压器可怕吗？（一）

比基站恐惧更奇葩的，是变电站恐惧症。

哈，不是怕电着吧？

真怕电着就正常了，是怕小区变压器的电磁辐射。

变电站只产生电磁场，几乎没有电磁波。他们可能把电磁场等同于电磁波了。完全不用怕呀，地球本身不就是个大磁场吗？

变压器可怕吗?(二)

是呢!虽说通电导线会产生电磁场,交变电磁场也可以辐射电磁波,但没有"天线"不成呀,你可见过带发射"天线"的变电站?

没有,俺见识短。俺只知道输电线和变电站设备都使用 50 的极低频,与千赫兹吉赫兹的无线信号完全是天壤之别的啊!

想起来了,那些检修高压线路和在变电站上班的电工,没见有什么辐射防护装置,他们是最知道真相的哈!

转移不等于消失

我买了一辆新能源车，总算可以放肆地开啦！

祝贺你！不过放肆地开还不能算环保达人。

亲，你有没有听错呀！我这是环保车。

电动车等新能源车虽然不用油不用气，但还会产生交通扬尘，而且也得用电吧？不过是把污染转移到了发电厂，而且电动车的制造成本很高，电池等报废也还是有很大问题，宝贝！

明白明白，电动车还不等于零排放，根本上还是要少开车，尽量选择自行车或公共交通！

拼车，更该"拼电梯"

刚才你为嘛要喊那个帅哥跟咱们一个电梯？好花痴呀！

他是要一个人坐"专梯"！太不环保了好不好！

还真是，人们都知道拼车，但很少想到"拼电梯"……

其实，电梯自身很重，又是垂直升降，耗能比汽车大多了！

记住啦！以后要少坐专车，更要少坐专梯！

我投共享单车一票

哈喽和摩拜可真方便，但是乱停乱放也惹人烦，还有人为破坏，你骑过吗？

共享单车乱停放当然不好，但这也是享受方便的代价，特别是鼓励了人们多使用公共交通工具，从有共享单车以来，我开车和打车的次数减少了十分之九，你呢？

我也是，而且不怕被偷，不怕掉链子、扎车胎，凡事都有利弊，只要利大于弊就该支持！

好，那我们给共享经济投一票！

酒店是否绿色，决定于房客（一）

我订酒店时，习惯看是不是绿色酒店。

我也是，而且是自带"6小件"。

有的人在家里一季度也不换洗床单被罩，住酒店却要求每天更换。

这种人应该向李冰冰学习，她说住酒店一星期也不叫酒店更换被子等用品，不愧为环保大使。

酒店是否绿色，决定于房客（二）

减少住宿宾馆时的床单换洗次数很有意义。床单、被罩等的洗涤要消耗水、电和洗衣粉，而少换洗一次，可省电 0.03 度，水 13 升，洗衣粉 22.5 克，相应减排二氧化碳 50 克。如果全国的星级宾馆都采纳"绿色酒店"的建议，3 天更换 1 次床单或换人换床单的话，那每年对节能减排的意义有多大啊！

不算不知道，一算吓一跳！

生态游，绿色游（一）

周末我准备再去七里海，一起去吗？

好啊！还是老约定：生态旅游！

当然喽！旅游越来越流行，但绿色旅游才算现代生活的标配，保护人与自然和谐共处的"共生圈"，保持生态资源利用的可持续。重温我们的口号——

走进生态，享受生态，保护生态！

生态游，绿色游（二）

生态游，我们的规矩是——

恪守景区规定；不随意攀爬，不乱涂乱刻；不吵闹喧哗，不燃放鞭炮，不惊扰动物；不电鱼、不毒鱼、不网鱼，不在禁区扎营烧烤；不吃野生动物，不购买珍稀动植物制品，不采集动植物标本。

不使用发电机；不闯禁行道路；不在沙滩河床开车；尊重民族文化；检举破坏和污染行为；留下脚印，带走垃圾！

耶！

节水也是低碳?

除了省水，你还知道多少节水的深层意义？

省自己的水，减少的是自来水厂的生产，也是间接降低了能耗！

看来，归根结底也是节能低碳呀！

节水意义知多少?

还有呢！节水可以减少产生废水，减轻环境污染。

还可以减轻污水处理厂的负担。

又是一处节能低碳！

听说过"面条水"吗?

我问你,吃过面条吧?

笑话!又学了郭德纲的嘛包袱?

那你知道"面条水"吗?

想问我是不是从你漂亮的眼睛里看到了萌萌的"眸子"吗?

脑补一下,亲爱的,水管里流出的那种"面条"一样苗条的水流……

哈!太好啦!用细而不断的"水线"冲洗手、菜、水果、盘子,既不浪费水,又不会四处飞溅!

有理念就不缺点子

我很节水，还有许多节水妙招呢！

具体点嘛，你知道我喜欢"栗（例）子"！

学着点：淘米水留着可以洗碗可以浇花，洗菜水留着可以洗碗可以浇花，用脸盆洗脸，水留着可以洗拖把可以冲马桶，用桶盛水擦车代替水龙头洗车——

来点不常见的好不好？

听着，不跟你要专利费：洗澡时花洒下放上脸盆或水桶，然后，你懂的……

有理念就有妙招，把我的大拇指送给你！

节约用纸，为嘛总讲？

我发现，节约用纸，知道经济成本"小道理"的人多，明白其中"大道理"的人少。

嗯，一是破坏环境，因为造纸的原料是木材，换句话说，纸是由树"变"的。一棵大树要长几十年，我们现在每造1吨纸大约需7棵大树，浪费一张纸，相当于多砍半片树木。

是滴，树木少了，植被被毁，水土流失，生态失衡，鸟失家园，生物链破坏，土地荒漠化，最终人也无法居住。

还有导致温室效应，还有石油煤炭也是动植物演化而来的，所以称为化石能源。

哈哈，这么讲节约用纸的意义，吓死了宝宝你要负责！

节约用纸，继续讲

二是污染环境。造纸业耗水量巨大，每造 1 吨纸约需 100 吨水！

用水大户，浪费水资源！

也是污染大户！造纸厂的废水排放对环境造成的污染是很严重的，包括水污染和土壤污染。

哈，节约一张纸，也可以为青山绿水做贡献！

节纸很简单，处处皆可为

咱俩来个节纸PK吧？你先来？

好勒！纸张两面用。

在家用毛巾，少用纸巾。

在外擦手擦嘴把纸巾展开，充分用纸，减少张数。

随身带茶杯，不用免费纸杯。

硬纸盒先不扔，制工艺，做装潢，再差也是收纳箱！

见垃圾先分类，书报刊，单独攒，换钱请你下饭馆！

包装过度，可怕

刚看报道，"双11"当天全国产生快递包裹 8.5 亿个，外卖的容器每天也是另一个天文数字。这得浪费多少材料，产生多少垃圾呀！

是呢，我国的包装垃圾已占到城市垃圾总重的 1/3，体积的 1/2；2/3 城市被垃圾围城，1/4 已无垃圾填埋场可选用。

这么可怕！那我们还要不要包装了？

别急嘛！为保护商品不受损坏或美观一点当然是必要的，但过度了就是危害甚至另一种犯罪，因为既浪费资源又污染环境。外国人研究过，减少 1 千克包装纸，可节省约 1.3 千克标准煤，相应减排二氧化碳 3.5 千克。

这外国人，是啥玩儿都研究。

面子没有垃圾重要

可是，椟比珠贵，过度包装的成本肯定转嫁给了消费者，为什么还有人视而不见呢？

有的是无意识，更多的是面子作祟。从形象包装到虚假广告，天价酒、天价月饼、天价保健品，越是虚假的东西越需要过度包装，坑的就是好面子的人，是不是？

死要面子活受罪，浪费资源，败坏风气，污染环境，难道法律就不管一管吗？

管的呀！2010我国就出台了针对过度包装食品和化妆品的限制标准，要求包装不得多于3层，空隙率不得大于60%，包装总成本不得高于商品售价的20%。

以后过度包装的礼物我是坚决不买的！

你要送我包装过度的礼物我也坚决不收的啊，亲！

绿色呼吸

我现在每天起来都看空气质量播报，不过就看看污染不污染，还真不清楚指数怎么来的，你可别笑话。

那就好好听着。我国现在的空气质量监测共6项指标：二氧化硫、二氧化氮、PM_{10}、$PM_{2.5}$、一氧化碳和臭氧，政府发布的是综合指数，英文缩写 AQI。数据每小时更新一次。

好像是指数越高，污染越重哎！

是滴，指数共分6级：0～50为一级，空气质量优；51～100为二级，良，算达标；101～150为三级，轻度污染，儿童、老年人及心脏病、呼吸系统疾病患者就应减少长时间、高强度的户外活动；151～200为四级，中度污染，一般人群也应减少户外运动；201～300为五级，属重度污染，病人应停止户外运动；大于300为六级，属严重污染，大家都应尽量避免户外活动。

霾霾霾

现在的人们一看见雾就想到霾，一听到 $PM_{2.5}$ 就说"好恐怕"！

其实，雾是雾霾是霾。雾是悬浮空气中的大量微细水滴，是自然气象；霾是灰尘、硫酸、硝酸、有机碳氢化合物等微细粒子，主要是人为污染。

就是说，在空气洁净的地方只会有雾，在空气污染的地方，雾和霾才会孪生，对吧？

有道理。霾的可怕，首先是因为它很微小，主要成分是 $PM_{2.5}$，就是空气动力学上直径小于等于 2.5 微米的细颗粒。

嗯，听说过，因为形状不规则又超轻，长时间且长距离漂浮空中，所以用空气动力学来定义它的直径。又因为太微小可以到达肺部，所以也叫可入肺颗粒物。

是的。其次就是因为它来源不同且含有复杂的有害物质，深入体内肺泡甚至进入血液，就会对呼吸系统和心血管系统造成极大的危害，俺也是"好恐怕"的呀！

PM$_{2.5}$，看我怎样对付你（一）！

PM$_{2.5}$ 是太可怕了，除了政府部门主导的污染防治工作，百姓自己也要加强自我防护。

好聪明！

1. 减少出门，出门也最好乘坐公共交通，为减少 PM$_{2.5}$ 做贡献。

2. 必须外出要戴防尘口罩，也不骑车，避开交通高峰。

3. 做好个人卫生，进门及时洗脸、漱口、清理鼻腔，去掉身上所附带的污染残留物。

4. 少开门窗，确需透气的时候，应尽量避开早晚雾霾高峰时段，开一条缝通风即可，时间别超半小时。

PM_{2.5}，看我怎样对付你（二）！

5. 过滤法，空调、加湿器、空气清新器等也可以考虑的。

6. 吸附法，多养冠叶类植物，水和表面积大的绿叶，也能吸收有害气体和吸附 PM_{2.5}。

7. 健康饮食也管用，多食梨、枇杷、橙橘等润肺祛痰的食物和茶水蜜水。由于日照少，还应适量补充维生素 D。

8. 哈哈！最重要的一条差点忘了：你不要吸烟！

预警失误？感觉失灵？

前天发布了重污染天气预警，什么停工啦，限产啦，限行啦，怎么看着好像并没有预警说的那么重嘛？

是——的！

那到底是他们预报失误了，还是我的感觉失灵了？

预报没失误，你的感觉也没失灵。正是因为预警响应措施减缓了污染物的集聚速度，推迟了污染峰值的到来；减轻了污染物的积累程度，也降低了峰值的指标！

明白了！如果没有预警，现在可能真就天昏地暗啦！就像我咋晚提醒你吃多了会撑着，你就没多吃也没撑着，不等于我提醒错了，哈哈！

举例不当，抗议！

应急响应启动啦！（一）

看来预警和应急响应还是很管用的！可我还是有点好奇，预警又是怎么划定的呢？

你不是好奇，是不耻下问！我也算不厌你烦吧？预警和应急响应从轻到重共分三级：黄色预警，启动Ⅲ级响应；橙色预警，Ⅱ级响应；红色预警，Ⅰ级响应。

那都有哪些规定呢？说点我能记住的！

应急响应启动啦！（二）

黄色预警中小学要停止户外活动，企业通过"一厂一策"停产限产措施总体减排 30% 以上；橙色预警增加中重型载货汽车单双号限行，停产限产总减排指标 40% 以上；最严的红色预警，普通机动车要单双号限行，中小学幼儿园采取弹性教学式。

对了，上回沙尘暴遮天蔽日怎么没预警呢？

不错，沙尘暴是暖时极端气象，还有臭氧污染天气，都是不列入的！

臭氧，臭氧！（一）

这几天阳光明媚，晴空万里，怎么还播报是重污染呢？还说是"抽样"来的，是本宝宝该去看眼科了吗？

你那2.0的视力就别花那挂号费啦！是臭氧不是"抽样"。

逗你玩，"氧3"我知道，比维持生命的"氧2"多一个O，却是石墨和钻石的区别，氧化性更强，强到可以消毒。

臭氧，臭氧！（二）

是的，臭氧在天是佛，拦阻紫外线保护地球生灵；在地是魔，危害健康。夏秋高温季节，汽车尾气、工厂烟雾中的氮氧化物和挥发性有机化合物容易跟空气中的氧气发生光化学反应变成臭氧，浓度超标就形成了污染。

是呢！这种看不见的污染，比$PM_{2.5}$更容易被忽视所以也更危险。

确实危害很大！会损伤皮肤、眼睛、呼吸系统，引发气道炎症，加重哮喘等，对老人儿童和孕妇及过敏人群的影响最大，严重污染还会危害到植物生长。

躲魔 + 降魔（一）

那告诉大家怎么对付臭氧这个隐形魔鬼吧？

世卫组织的建议：臭氧污染峰值在高温的下午，所以夏季午后，要减少外出，暂不开窗。

宅在室内就万无一失了吗？

也不尽然，机电房、静电复印机房、计算机房也是臭氧高发地，要注意通风。

躲魔＋降魔（二）

儿童和孕妇又是重点保护对象吧！

特别对，臭氧比空气重，越接近地面浓度越高，所以个头小的儿童是大的受害者。孕妇接触臭氧也会影响胎儿发育，最易发生先天性小眼症。

不过根本上讲，还是要治理污染，就是降魔！

你总能切中要害，听环保局的人讲，治理臭氧污染重点是管住"前体物"，即"车、油、路、厂"四个方面，提升尾气排放标准，提升燃油质量和倡导新能源车；治理交通拥堵；降低燃煤、涂料、油墨作业等排放的氮氧化物、挥发性有机物。

我想静静（一）

浪漫的夏日又到了，你知道我最怕什么吗？讨厌的噪声！

自问自答真好！那叫噪声污染，一般是指人为造成的，干扰人们休息、学习和工作，危害身心健康的所有"多余的声音"。它跟空气污染、水污染、固废污染、辐射污染一样，是当今环境污染的主要大类，危害非常大。

真要命！我听到窗外那些喇叭声、机器声、汽车声就烦躁疲劳，但还睡不着，都神经衰弱了。

我想静静（二）

可不止这些，时间久了不仅损害人的听觉，而且对神经系统、心血管系统、内分泌系统、消化系统以及视觉、智力等都有不同程度的影响。

我看过一篇文章说，长期在 85 分贝的噪声环境里工作和生活，就会有一成的人发生耳聋；超过 50 分贝的噪音，就会使孕妇内分泌紊乱，严重者可致流产或胎儿畸形。

是的，还有实验证明，强噪声可直接导致动物死亡，甚至会危害某些仪器设备和建筑结构，学术上叫声疲劳。

捂住耳朵还不够

噪声这么可怕，那怎么防护呢？

噪声防治很难很复杂，但也不是没有办法。比如强制生产中使用消声或隔声技术，加强监管，源头治理。常见的是安装隔音墙、声屏障，对降低飞机、火车、汽车等交通噪声最简便实用。

对，现在许多高架桥上都安装了，要不真受不了哈哈！

还有就是种植绿化带，树木有着天然的吸声、隔声作用。实验表明，10米宽的绿化带，即可抵消交通噪声4～5分贝。

是吗？树木不仅吸收二氧化碳及有害气体、吸附微尘，还能降低噪声，这好办法是上帝教的吧？

嘘，小心！小声！

对了，噪声应该有安全标准的吧？

当然，国家有明确的环境噪声标准，按照不同功能区域划定了5个标准，而且昼夜不同，夜里要严于白天。

我们居住区呢？

普通居住区执行第二等级的标准，白天55分贝，夜间45分贝；和商业、工业混杂的居住区执行第三等级，白天60分贝，夜晚50分贝。

那要是有人不管不顾，就要制造噪声呢？

先劝阻吧？如果不听可以举报，生产类噪声向环保部门举报，生活类噪声向公安机关举报。

这些地方，万万不要抽烟

昨天我去游泳，非常不舒服！

咋的啦？

有男人在游泳馆抽烟，难闻死啦！

是的，水汽吸附了烟气，可不是一般的难闻啊！

听说也是一种 $PM_{2.5}$，还很不易扩散呢！

是的！我马上发条微博：各位亲，在封闭空间，特别是游泳馆，温泉馆，浴池，千万不可抽烟啊！

"见人" 之前先沐浴

不过，也遇上一个开心事，碰上一个超可爱的老大爷。

这我信，你本来就是个大爷控嘛！

一个杨少华模样的大爷躲开门口的"水帘洞"，迈过下边的"小水坑"进游泳馆，被管理人员拦住了。

大爷不懂得，那就是让进入公共泳池、浴池前先冲掉身上脚上的汗和不洁物。

是的，大爷嘻嘻一笑说，好嘞，我重走一遍！然后像模像样地来了一遍，把大家都逗乐了！

"公"与"私"，须有别

听你这样说，我想到其实应该在学校里就教导孩子各种公共场所的"规矩"，如进入泳池、浴池、温泉池子之前，先要在淋浴下边冲一下。

是的，媒体的公益广告可以给老人们补补课，例如吸烟应该避开他人，搓澡应该离开公共浴池和泳池。

诶，突然想起，孩子们做人成人，安全和礼德，应当比其他教育更重要吧？

我也觉得是，安全、礼仪、公德，才应当是教育之先，教育之魂。

游泳为嘛要戴帽?

哎，你这么爱游泳，知道为嘛不戴泳帽不让下水吗?

你这一问，还真没少遇见不戴泳帽跟管理人员发生争执的，难道说不是为了帅气好看?

不帅气就不让进游泳池? 没有这种奇怪的规定啦，是因为每个人都有掉头发的现象，掉的头发浮在水面，会被后边的人吸入口中!

哈! 这理由我服气，我洗头就总掉头发!

"一次性用品"是个误称!

听说过一次性用品吧?

当然啦!我经常用到,你不也是吗?

是的!不过,我觉得"一次性用品"的叫法不准确,应该叫"一个人用品"。

明白啦!你是说,那些纸杯、牙具等其实是提供给某一个人使用的,并不是说只使用一次。

对的呀!要想到制造"一次性用品"的石油也是一次性的!

说得真好,那就让"一次性用品"回归"一个人用品"吧!

不用！少用！多用！

好！那回归"一个人用品"后该怎么用？

第一不用，第二少用，第三多用！

糊涂啦！愿闻其详！

哈哈！首先是能不用尽量不用，避免浪费！其次是尽量少用，也是避免浪费！第三，如果用了，就尽量反复使用，多次使用……

还是避免浪费！哈哈，明白啦！

是的，分类直至无法使用，再作为垃圾处理。

要么自带，要么带走

那我岂不是应该把用过的免费牙具、剃须刀、小肥皂、澡巾、拖鞋，等等都收起来，带回家接着用呢？

是的是的！循环使用就可以减少很多垃圾啦！

当然，最好是出门自带这些日常用品，就可以不用或少用那些免费用品。

是呢，我已经养成了自带水杯、牙具等个人用品的习惯！

哈哈，包包里除了手机钱包，还有筷子或勺子，是环保达人的标签吧？

节约 ≠ 省钱

不过，许多人的节约只在那些表面看来"贵重"的东西，而忽视那些看上去"不值钱"的东西。

是呢！他们愿意重复使用的东西也是那种所谓值钱的东西。

这能算真正的环保达人吗？

不是！在环保达人看来，节约跟值不值钱并不对等，而跟产生多少垃圾直接挂钩，所以那些虽然不怎么值钱但体量和数量很大的东西更不能浪费。

少开会环保，开短会低碳（一）

学习会，报告会，交流会，生活会，布置会，调度会……没完没了，无休无止，烦，真烦，真的烦！

行了，有谁不烦呢？主持人不烦吗？开会也是任务，会议也是成绩，都是无奈嘛！

你不服不算完。可是浪费时间，耽误工作，影响心情，减低效率，知不知道啊亲？

少开会环保，开短会低碳（二）

咋不知道呢？我还知道少开会环保，开短会低碳呢！

哈哈，你是说会议室的照明、空调、音响都很费电吧？

你还没算用水、用纸、用餐、用车呢！

可要可不要的，不要！

太纠结啦！这个包包，用吧，有点过时；扔吧，看着还好好的。

我也纠结呢！这套裙装，穿呢，有点落伍；扔吧，还跟新的一样。

我这包包还是去年跳蚤市场捡滴，巨便宜！

我这套裙是去年才在网上淘的，超划算！

多了添负担，扔了变垃圾，以后，可买可不买的不能买了！

同感同感，"可要可不要的不要"，才能潇洒耶！

挤垮那些不环保的企业

我有一个感觉，好像做环保公益活动的企业越来越多了。

确实是，越来越多的企业有了环境意识和社会责任感，其实企业本就应该是污染防治的主体。

我和闺蜜也动心了想参与，但又顾虑难免沾染商业行为。

世上有多少是完全纯粹的东西，顾虑那么多多累心啊！再说了，我觉得对重视环保的企业就应该理直气壮地支持，只有注重环保的企业，日子好过且欣欣向荣，才能击垮淘汰那些不环保的企业，环境问题才有根本解决的基础。

哈哈，对你的大实话表示严重支持！

一棵树的价值

你说节约是最基本的环保，可我听说，最好的环保是植树。

不矛盾呀，你说的是植树，我说的节约可理解成爱树护树，都很重要。绿化的环保意义就是很大！

是的，印度一位教授精确计算过一棵树的生态价值。一棵树长到50岁，约可累计产生氧气31200美元，吸收有毒气体、折算大气污染防治62500美元，增加土壤肥力31200美元，涵养水源37500美元，居养鸟类等动物31250美元，产生蛋白质2500美元，是不是有点不可思议？

太不可思议！总计创造生态价值约196000美元，还不计算它的吸尘降噪、养眼怡心和产生的实际价值。

让我们多多植树吧！

让我们好好爱树吧！

拥抱阳光（一）

我觉得哈,绿色生活的最高境界,就是自然简单!

我也觉得,就是顺应自然,不过渡消耗和破坏!享受并珍爱自然爱的馈赠。

是的,我虽然住在水泥房里,但并不脱离自然,比如洗衣被基本不用烘干,都是在阳光下晾晒衣服,既省电又杀菌。

其实,利用太阳能的最简单方式,就是尽量把工作放在白天做,顺应自然就是健康生活。

拥抱阳光（二）

是的，我家还安装了 2 平方米的太阳能热水器，用 10 年了，基本能满足三口人 80% 的日常生活用水需要，真的方便！

你注意过吗？不少人有在办公室、会议室、卧室拉上窗帘开着灯的习惯。

拉上窗帘？隔开阳光？点起电灯？那并非诗意，而是陋习。

嗯嗯嗯，有悖自然，便是陋习！

为地球站岗一小时（一）

嗨！知道"地球一小时"活动吗？

这个现在没有人不知道吧？也叫"关灯一小时"，是 2007 年世界自然基金会发出的倡议，每年 3 月的最后一个周六晚上 8 点半到 9 点半，关掉不必要的灯光和其他耗电设备，以支持应对气候变化。

我在朋友圈里呼吁，但有人说这点电量微乎其微，问我是不是一场"行为艺术"或者环保秀。

一个人熄灯一小时，或许微不足道，但参与的人多了不是可以集腋成裘、聚沙成塔？

为地球站岗一小时（二）

就是，退一万步，即便只是象征性的，如果能引起更多的人关注环境问题，唤醒节能减排的意识和行动，我们秀一秀也是有意义的吧？

是的，奉献一小时，表达我们的心意，为地球祈福，应该且值！

太好啦！那就让这一个钟头，熄灭我们的灯光，点亮地球的希望！

最美的，最亲的，最贵的

突然发现，我们忽视的往往是最该重视的，你注意过吗？

别留悬念。直说吧！

最俗的本来是最美的，因为大家都喜欢都追求，于是变得最"俗气"。最亲的最贵的最离不开的，其实都是最容易被我们忽视的，因为他们从不离开我们。

对极啦！阳光，空气，水，土壤，这些最不"值钱"的东西，恰恰是生命须臾不可无，倏然不可离的。而那些标价极高的贵重物质，其实并非生命不可或缺的。地球正是按照生命的需要完美地存在着，正如父母按照孩子的需要无私地存在着。

让我们感恩地球，珍爱地球，保护地球吧！

让我们感恩父母，珍爱父母，保护父母吧！

附录 1：

公民生态环境行为规范

(生态环境部 2018 年六五环境日发布)

第一条 关注生态环境。关注环境质量、自然生态和能源资源状况，了解政府和企业发布的生态环境信息，学习生态环境科学、法律法规和政策、环境健康风险防范等方面知识，树立良好的生态价值观，提升自身生态环境保护意识和生态文明素养。

第二条 节约能源资源。合理设定空调温度，夏季不低于 26 度，冬季不高于 20 度，及时关闭电器电源，多走楼梯少乘电梯，人走关灯，一水多用，节约用纸，按需点餐不浪费。

第三条 践行绿色消费。优先选择绿色产品，尽量购买耐用品，少购买使用一次性用品和过度包装商品，不跟风购买更新换代快的电子产品，外出自带购物袋、水杯等，闲置物品改造利用或交流捐赠。

第四条 选择低碳出行。优先步行、骑行或公共交通出行，多使用共享交通工具，家庭用车优先选择新能源汽车或节能型汽车。

第五条 分类投放垃圾。学习并掌握垃圾分类和回收利用知识，按标志单独投放有害垃圾，分类投放其他生活垃圾，不乱扔、乱放。

第六条 减少污染产生。不焚烧垃圾、秸秆，少烧散煤，少燃放烟花爆竹，抵制露天烧烤，减少油烟排放，少用化学洗涤剂，少用化肥农药，避免噪声扰民。

第七条 呵护自然生态。爱护山水林田湖草生态系统，积极参与义务植树，保护野生动植物，不破坏野生动植物栖息地，不随意进入自然保护区，不购买、不使用珍稀野生动植物制品，拒食珍稀野生动植物。

第八条 参加环保实践。积极传播生态环境保护和生态文明理念，参加各类环保志愿服务活动，主动为生态环境保护工作提出建议。

第九条 参与监督举报。遵守生态环境法律法规，履行生态环境保护义务，积极参与和监督生态环境保护工作，劝阻、制止或通过"12369"平台举报破坏生态环境及影响公众健康的行为。

第十条 共建美丽中国。坚持简约适度、绿色低碳的生活与工作方式，自觉做生态环境保护的倡导者、行动者、示范者，共建天蓝、地绿、水清的美好家园。

附录 2：

历届环境日世界及中国主题

1972年6月5日，联合国在瑞典首都斯德哥尔摩举行第一次人类环境会议，通过了著名的《人类环境宣言》，并建议将大会开幕日定为"世界环境日"。这是人类历史上首次在全世界范围内研究保护人类环境的会议。同年10月，第27届联合国大会决定成立联合国环境规划署，并确定每年的6月5日为世界环境日，要求各成员国和团体在每年6月5日前后开展各类活动宣传与强调保护和改善人类环境的重要性。联合国环境规划署每年也会根据世界主要环境问题及环境热点，确定当年的"世界环境日"主题，并选择一个成员国举行纪念活动，发表《环境现状的年度报告书》及表彰"全球500佳"。

世界环境日的确立，既提醒全世界注意地球状况及人类活动对环境的危害，也体现了各国人民对环境问题的认识和态度，表达了人类对美好环境的向往和追求，是联合国促进全球环境意识、提高政府对环境问题的注意并采取行动的主要媒介之一。

历届世界环境日的主题如下：

1974年：只有一个地球（Only one Earth）

1975年：人类居住（Human Settlements）

1976年：水，生命的重要源泉（Water: Vital Resource for Life）

1977 年：关注臭氧层破坏、水土流失、土壤退化和滥伐森林（Ozone Layer Environmental Concern; Lands Loss and Soil Degradation; Firewood）

1978 年：没有破坏的发展（Development Without Destruction）

1979 年：为了儿童的未来——没有破坏的发展（Only One Future for Our Children - Development Without Destruction）

1980 年：新的十年，新的挑战——没有破坏的发展（A New Challenge for the New Decade: Development Without Destruction）

1981 年：保护地下水和人类食物链，防治有毒化学品污染（Ground Water; Toxic Chemicals in Human Food Chains and Environmental Economics）

1982 年：纪念斯德哥尔摩人类环境会议 10 周年——提高环保意识（Ten Years After Stockholm:Renewal of Environmental Concerns)

1983 年：管理和处置有害废弃物，防治酸雨破坏和提高能源利用率（Managing and Disposing Hazardous Waste: Acid Rain and Energy）

1984 年：沙漠化（Desertification）

1985 年：青年、人口、环境（Youth: Population and the Environment）

1986 年：环境与和平（A Tree for Peace）

1987 年：环境与居住（Environment and Shelter: More Than A Roof）

1988 年：保护环境、持续发展、公众参与（When People Put the Environment First, Development Will Last）

1989 年：警惕全球变暖（Global Warming; Global Warning）

1990 年：儿童与环境（Children and the Environment）

1991 年：气候变化——需要全球合作（Climate Change. Need for Global Partnership）

1992 年：只有一个地球——关心与共享（Only One Earth, Care and Share)

1993 年：贫穷与环境 —— 摆脱恶性循环（Poverty and the Environment - Breaking the Vicious Circle）

1994 年：同一个地球，同一个家庭（One Earth One Family）

1995 年：各国人民联合起来，创造更加美好的世界（We the Peoples: United for the Global Environment）

1996 年：我们的地球、居住地、家园（Our Earth, Our Habitat, Our Home）

1997 年：为了地球上的生命（For Life on Earth）

1998 年：为了地球的生命，拯救我们的海洋（For Life on Earth - Save Our Seas）

1999 年：拯救地球就是拯救未来（Our Earth - Our Future - Just Save It!）

2000 年：环境千年，行动起来（2000 The Environment Millennium - Time to Act）

2001 年：世间万物，生命之网（Connect with the World Wide Web of life）

2002 年：让地球充满生机（Give Earth a Chance）

2003 年：水，二十亿人生命之所系！（Water - Two Billion People are Dying for It!）

2004 年：海洋存亡，匹夫有责（Wanted! Seas and Oceans—Dead or Alive?）

2005 年：营造绿色城市，呵护地球家园！（Green Cities—Plan for the Plan）

中国主题：人人参与 创建绿色家园

2006 年：莫使旱地变为沙漠（Deserts and Desertification—Don't

Desert Drylands!）

中国主题：生态安全与环境友好型社会

2007 年：冰川消融，后果堪忧（Melting Ice—a Hot Topic?）

中国主题：污染减排与环境友好型社会

2008 年：转变传统观念，促进低碳经济（Kick the Habit!Towards a Low Carbon Economy）

中国主题：绿色奥运与环境友好型社会

2009 年：你的地球需要你：团结起来应对气候变化（Your Planet Needs You-UNite to Combat Climate Change）

中国主题：减少污染——行动起来

2010 年：多样的物种，唯一的地球，共同的未来（Many Species. One Planet. One Future）

2011 年：森林：大自然为您效劳（Forests: Nature at Your Service）

中国主题：低碳减排●绿色生活

2012 年：绿色经济：你参与了吗？（Green Economy: Does it include you?）

中国主题：共建生态文明，共享绿色未来

2013 年："思前、食后、厉行节约"。（Think. Eat. Save.）

中国主题：同呼吸，共奋斗

2014 年：提高你的呼声，而不是海平面（Raise your voice not the sea level）

中国主题：向污染宣战

2015 年：可持续消费和生产（Sustainable consumption and production）

中国主题：践行绿色生活

2016 年：为生命呐喊（Go Wild for Life）

中国主题：改善环境质量，推动绿色发展

2017 年："人与自然，相联相生"（Connecting People to Nature）

中国主题：绿水青山就是金山银山

2018 年："塑战速决"（Beat Plastic Pollution）

中国主题：美丽中国，我是行动者

附录3:

中华人民共和国环境保护法（节选）

（1989 年 12 月 26 日第七届全国人民代表大会常务委员会第十一次会议通过，2014 年 4 月 24 日第十二届全国人民代表大会常务委员会第八次会议修订，自 2015 年 1 月 1 日起施行）

第一章 总则

第一条 为保护和改善环境，防治污染和其他公害，保障公众健康，推进生态文明建设，促进经济社会可持续发展，制定本法。

第二条 本法所称环境，是指影响人类生存和发展的各种天然的和经过人工改造的自然因素的总体，包括大气、水、海洋、土地、矿藏、森林、草原、湿地、野生生物、自然遗迹、人文遗迹、自然保护区、风景名胜区、城市和乡村等。

第三条 本法适用于中华人民共和国领域和中华人民共和国管辖的其他海域。

第四条 保护环境是国家的基本国策。

国家采取有利于节约和循环利用资源、保护和改善环境、促进人与自然和谐的经济、技术政策和措施，使经济社会发展与环境保护相协调。

第五条 环境保护坚持保护优先、预防为主、综合治理、公众参与、损害担责的原则。

第六条 一切单位和个人都有保护环境的义务。

地方各级人民政府应当对本行政区域的环境质量负责。

企业事业单位和其他生产经营者应当防止、减少环境污染和生态破坏，对所造成的损害依法承担责任。

公民应当增强环境保护意识，采取低碳、节俭的生活方式，自觉履行环境保护义务。

第七条 国家支持环境保护科学技术研究、开发和应用，鼓励环境保护产业发展，促进环境保护信息化建设，提高环境保护科学技术水平。

第八条 各级人民政府应当加大保护和改善环境、防治污染和其他公害的财政投入，提高财政资金的使用效益。

第九条 各级人民政府应当加强环境保护宣传和普及工作，鼓励基层群众性自治组织、社会组织、环境保护志愿者开展环境保护法律法规和环境保护知识的宣传，营造保护环境的良好风气。

教育行政部门、学校应当将环境保护知识纳入学校教育内容，培养学生的环境保护意识。

新闻媒体应当开展环境保护法律法规和环境保护知识的宣传，对环境违法行为进行舆论监督。

第十条 国务院环境保护主管部门，对全国环境保护工作实施统一监督管理；县级以上地方人民政府环境保护主管部门，对本行政区域环境保护工作实施统一监督管理。

县级以上人民政府有关部门和军队环境保护部门，依照有关法律的规定对资源保护和污染防治等环境保护工作实施监督管理。

第十一条 对保护和改善环境有显著成绩的单位和个人，由人民政府给予奖励。

第十二条　每年 6 月 5 日为环境日。

第五章　信息公开和公众参与

第五十三条　公民、法人和其他组织依法享有获取环境信息、参与和监督环境保护的权利。

各级人民政府环境保护主管部门和其他负有环境保护监督管理职责的部门，应当依法公开环境信息、完善公众参与程序，为公民、法人和其他组织参与和监督环境保护提供便利。

第五十四条　国务院环境保护主管部门统一发布国家环境质量、重点污染源监测信息及其他重大环境信息。省级以上人民政府环境保护主管部门定期发布环境状况公报。

县级以上人民政府环境保护主管部门和其他负有环境保护监督管理职责的部门，应当依法公开环境质量、环境监测、突发环境事件以及环境行政许可、行政处罚、排污费的征收和使用情况等信息。

县级以上地方人民政府环境保护主管部门和其他负有环境保护监督管理职责的部门，应当将企业事业单位和其他生产经营者的环境违法信息记入社会诚信档案，及时向社会公布违法者名单。

第五十五条　重点排污单位应当如实向社会公开其主要污染物的名称、排放方式、排放浓度和总量、超标排放情况，以及防治污染设施的建设和运行情况，接受社会监督。

第五十六条　对依法应当编制环境影响报告书的建设项目，建设单位应当在编制时向可能受影响的公众说明情况，充分征求意见。

负责审批建设项目环境影响评价文件的部门在收到建设项目环境影响报告书后，除涉及国家秘密和商业秘密的事项外，应当全文公开；发现建设项目未充分征求公众意见的，应当责成建设单位征求公众意见。

第五十七条 公民、法人和其他组织发现任何单位和个人有污染环境和破坏生态行为的，有权向环境保护主管部门或者其他负有环境保护监督管理职责的部门举报。

公民、法人和其他组织发现地方各级人民政府、县级以上人民政府环境保护主管部门和其他负有环境保护监督管理职责的部门不依法履行职责的，有权向其上级机关或者监察机关举报。

接受举报的机关应当对举报人的相关信息予以保密，保护举报人的合法权益。

第五十八条 对污染环境、破坏生态，损害社会公共利益的行为，符合下列条件的社会组织可以向人民法院提起诉讼：

（一）依法在设区的市级以上人民政府民政部门登记；

（二）专门从事环境保护公益活动连续五年以上且无违法记录。

符合前款规定的社会组织向人民法院提起诉讼，人民法院应当依法受理。

提起诉讼的社会组织不得通过诉讼牟取经济利益。

附录4:

天津市环境教育条例

（2012 年 9 月 11 日天津市第十五届人民代表大会常务委员会第三十五次会议通过）

第一条 为了推动环境教育，增强公民环境保护意识，促进生态文明建设，根据有关法律、法规的规定，结合本市实际，制定本条例。

第二条 本条例所称环境教育，是指通过多种形式向公民普及环境保护的基本知识，培养公民的环境保护意识，提高公民环境保护技能，树立正确的环境价值观，自觉履行保护环境的义务。

第三条 环境教育应当坚持统一规划、分级管理、单位组织、全民参加，坚持经常教育与集中教育相结合、普及教育与重点教育相结合、理论教育与实践教育相结合的原则。

第四条 普及环境教育是全社会的共同责任，一切有受教育能力的公民都应当接受环境教育。

第五条 本市可以通过下列方式和途径开展环境教育：

（一）开设环境教育课程；

（二）举办环境教育专题讲座；

（三）开展环境教育实践活动；

（四）举办环境教育专题咨询；

（五）举办环境教育集中培训；

（六）开设环境教育专栏；

（七）通过大众传播媒介开展环境教育公益宣传；

（八）便于公众接受的环境教育方式。

第六条 市和区、县人民政府应当将环境教育纳入国民经济和社会发展规划，并组织实施。

市和区、县人民政府应当将环境教育所需经费列入本级财政预算并予以保障。

第七条 市环境教育工作领导小组领导全市环境教育工作，负责环境教育重大事项的统筹协调，其日常工作由市环境保护行政管理部门承担。

第八条 市环境保护行政管理部门主管全市环境教育工作，负责环境教育的组织、推动、监督、管理。

区、县环境保护行政管理部门负责本行政区域内的环境教育工作。

财政、教育、人力社保、司法行政、文化广播影视等部门应当做好与环境教育相关的工作。

第九条 市环境保护行政管理部门负责组织编制本市环境教育工作规划和年度计划，并组织落实。

市环境保护行政管理部门应当于每年第四季度向社会公布下一年度全市环境教育计划，明确重点教育内容。

各区县、各系统应当按照全市环境教育计划，结合本地区、本系统的情况，制定环境教育工作计划。

第十条 国家机关、社会团体、企业事业单位和其他组织，应当明确相应的部门和人员负责环境教育工作，并按照全市和本地区、本系统环境教育计划，结合本单位情况，安排环境教育实施计划。

第十一条　各级国家机关及其各部门主要负责人在任职期间，应当带头接受环境教育培训。

公务员主管部门应当将环境教育列入公务员培训计划，并组织实施。

第十二条　国家机关、事业单位应当对本单位人员每年至少进行一次环境教育培训，受教育人员比例不得低于百分之九十五。

第十三条　学校应当按照教育行政部门的统一要求，将环境教育内容纳入教学计划，结合教学实际落实师资和教学内容，并采取多种形式，组织学生参加环境教育实践活动，增强环境保护意识。

按照国家要求，小学、中学每学年安排的环境教育课时不得少于四课时。

高等院校和中等专业技术学校应当通过开设环境教育必修课程或者选修课程进行环境教育，并采取多种形式，提高学生的环境素养和环境保护技能。

第十四条　幼儿园的环境教育应当结合幼儿特点，采取适宜的活动方式，培养幼儿环境保护意识。

第十五条　工会、共青团、妇联等人民团体应当结合工作特点，加强对职工、青少年、妇女等群体的环境教育，增强环境保护意识。

第十六条　居民委员会、村民委员会应当根据自身特点，采取多种形式对居民、村民开展经常性的环境教育活动。

第十七条　排放污染物的企业应当将环境教育纳入企业年度工作计划和环境保护考核内容，结合企业特点，安排对从业人员的环境教育。

纳入国家和本市排放污染物重点监控的企业，其负责人和环境保护管理人员、环境保护设施操作人员，每年接受环境教育培训的时间不得少于八学时。

第十八条　被依法处罚的环境违法企业，其负责人及相关责任人员，应当接受由环境保护行政管理部门组织的不少于二十四学时的环境教育培训。

第十九条　环境保护行政管理部门应当建立环境教育资源和公共服务平台，开发环境教育学习课程，编制环境教育资料，为国家机关、企业事业单位、社会团体和其他组织开展环境教育提供政策、信息等方面的支持和服务。

第二十条　鼓励、引导、支持下列单位创建环境教育基地：

（一）植物园、科技馆、文化馆、博物馆；

（二）自然保护区、风景名胜区；

（三）具有环境保护示范作用的相关企业和科研院所实验室；

（四）其他适于开展环境教育的场所。

区、县环境行政管理部门应当在本区、县内至少确定一个环境教育基地为示范基地，并给予适当支持。

第二十一条　广播、电视、报刊、网络媒体等，应当开设环境教育栏目，开展环境教育公益宣传。

第二十二条　每年 6 月 5 日（世界环境日）所在的星期为本市环境教育宣传周。

在环境教育宣传周期间，环境保护行政管理部门应当组织开展环境教育宣传，国家机关、社会团体、企业事业单位和其他组织应当集中开展环境教育主题活动。

在环境教育宣传周期间，环境教育示范基地应当向社会公众免费开放。

第二十三条　本市鼓励公民、法人和其他组织以捐助、捐赠、志愿服务等多种方式，支持、参与环境教育活动。

第二十四条　对在环境教育工作中成绩突出的单位和个人，根据国家有关规定予以表彰和奖励。

第二十五条　违反本条例规定，不依法开展环境教育工作的单位及其负责人，由环境保护行政管理部门通报批评，责令改正。

第二十六条　市和区、县人民政府应当定期向本级人民代表大会常务委员会报告环境教育工作情况，接受监督检查。

第二十七条　本条例自 2012 年 11 月 1 日起施行。